PLEINS FEUX SUR

Les dinosaures

Michael Benton - Denis-Paul Mawet

Gamma Jeunesse – Éditions Héritage

INTRODUCTION

De tous les animaux qui ont peuplé la Terre, les dinosaures étaient parmi les mieux adaptés à leur milieu. La plupart étaient grands; ils vivaient sur la terre ferme et ont régné sur la Planète pendant plus de 160 millions d'années. Les premiers squelettes de dinosaures ont été baptisés en 1824, et depuis, des centaines d'espèces ont été découvertes partout dans le monde. On a raconté beaucoup d'histoires fantastiques au sujet des dinosaures; certaines sont basées sur des faits, d'autres ne sont que pure spéculation. Les scientifiques ont cependant découvert de nombreuses choses à leur sujet: leur apparence, leur mode de locomotion, leur type d'alimentation, la manière dont ils s'occupaient de leurs petits et même leurs cris. Ce livre révèle la vérité sur les grands sauriens du passé.

Géographie

Le symbole de la Terre marque les passages où des faits et des activités géographiques sont présentés. Parmi ceux-ci, une carte du monde indique où se trouvent les sites sur lesquels furent découvertes les traces des dinosaures et les preuves de leur migration.

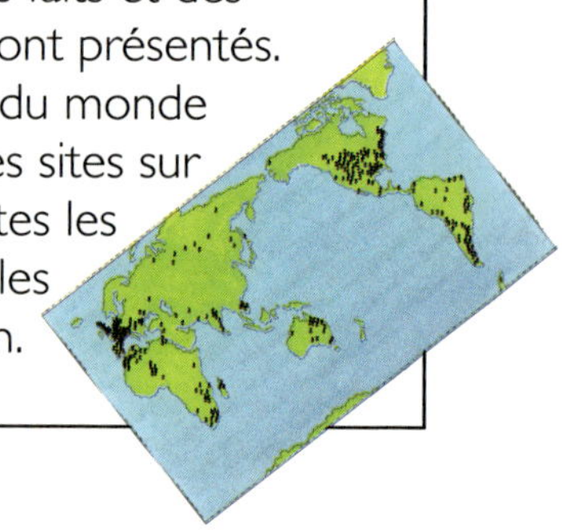

Langue et littérature

Un livre ouvert symbolise toutes les informations concernant la langue. Reporte-toi à ces encadrés pour savoir comment la fiction aborde les dinosaures et pour découvrir la signification de leurs noms.

L'édition originale de cet ouvrage a paru sous le titre: *Dinosaurs*
Copyright © Aladdin Books Ltd 1993
28 Percy Street, London W1P 9FF

Adaptation française de Denis-Paul Mawet
Copyright © Éditions Gamma, Paris-Tournai, 1993
D/1993/0195/149
ISBN 2-7130-1535-9
(édition originale: ISBN 0-7496-1076-X)

Exclusivité au Canada:
Les éditions Héritage inc.
300, rue Arran
Saint-Lambert (Québec) J4R 1K5
Dépôts légaux: 3e trimestre 1993
Bibliothèque nationale du Québec
Bibliothèque nationale du Canada
ISBN 2-7625-7606-7

Loi n° 49-956 du 16 juillet 1949 sur les publications destinées à la jeunesse

Imprimé en Belgique

L'auteur, *Dr Michael Benton,* est professeur au département de géologie à l'université de Bristol. Il a rédigé de nombreux ouvrages et articles sur les dinosaures et se consacre actuellement à des recherches concernant leur apparition et les raisons de leur règne de 165 millions d'années.

Sciences
Le symbole du microscope signale une expérience, une activité ou une information scientifique. Ainsi, un encadré t'explique où trouver des fossiles, un autre t'expose comment la technologie peut t'aider à comprendre la manière dont les dinosaures étaient bâtis.

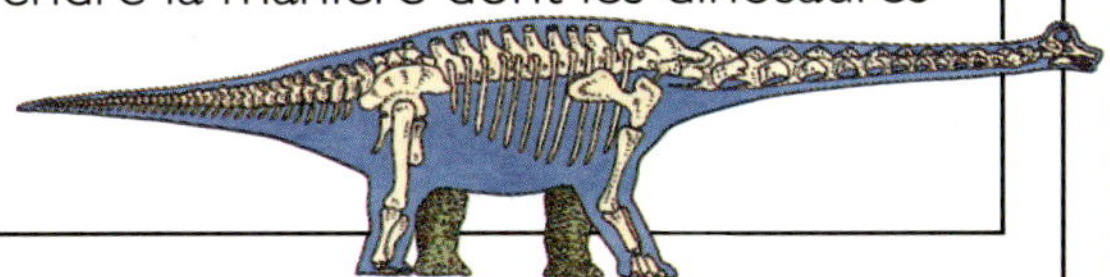

Histoire
Ce symbole indique des données historiques. Ces chapitres examinent les premières découvertes concernant les dinosaures et exposent ce qui s'est passé durant la grande « ruée vers l'os » américaine.

Mathématiques
Les expériences mathématiques sont indiquées par ce symbole. Ces activités te permettront de mieux connaître les dinosaures. Ainsi, tu peux calculer le poids d'un dinosaure à l'aide d'un modèle réduit et d'un récipient plein d'eau.

Arts, métiers et musique
Ce symbole signale des activités artistiques. Tu apprendras comment sont construites les maquettes de dinosaures utilisées dans les films, et quels sont les artistes célèbres pour leurs peintures de dinosaures.

SOMMAIRE

AVANT LES DINOSAURES

La Terre existait déjà depuis longtemps quand les dinosaures sont apparus. Elle est âgée de 4,6 milliards d'années, et les premiers dinosaures sont apparus il y a 230 millions d'années. Les premiers êtres vivants étaient des créatures minuscules semblables à des virus ou à des bactéries, qui vivaient dans les océans chauds il y a 3,5 milliards d'années. Des plantes et animaux de taille plus importante sont apparus il y a 1 milliard d'années, et des formes de vie familières, telles que coquillages, coraux et poissons, existaient voici 500 millions d'années. Les poissons ont été les premiers vertébrés. Ils ont donné naissance il y a environ 360 millions d'années aux amphibiens qui ont conquis la terre ferme. Les premiers reptiles apparaissent vers – 290 millions d'années, et les mammifères il y a environ 65 millions d'années.

Les premières représentations
Les premiers dinosaures ont été baptisés en Angleterre en 1824 (*Megalosaurus* dans le comté d'Oxfordshire) et en 1825 (*Iguanodon* dans le Sussex). Les seuls fossiles existant à cette époque étaient constitués par des os et des dents bizarres. Les scientifiques ont d'abord pensé que ces nouveaux animaux étaient soit de grands lézards, soit des géants ressemblant à des rhinocéros. Ce n'est que plus tard, lorsque furent découverts des squelettes complets, qu'ils se rendirent compte de leur erreur. Bien avant cela, on avait découvert des dents et des os fossilisés en Chine. On trouve des écrits relatifs aux «os et dents de dragons» dès le 3e siècle.

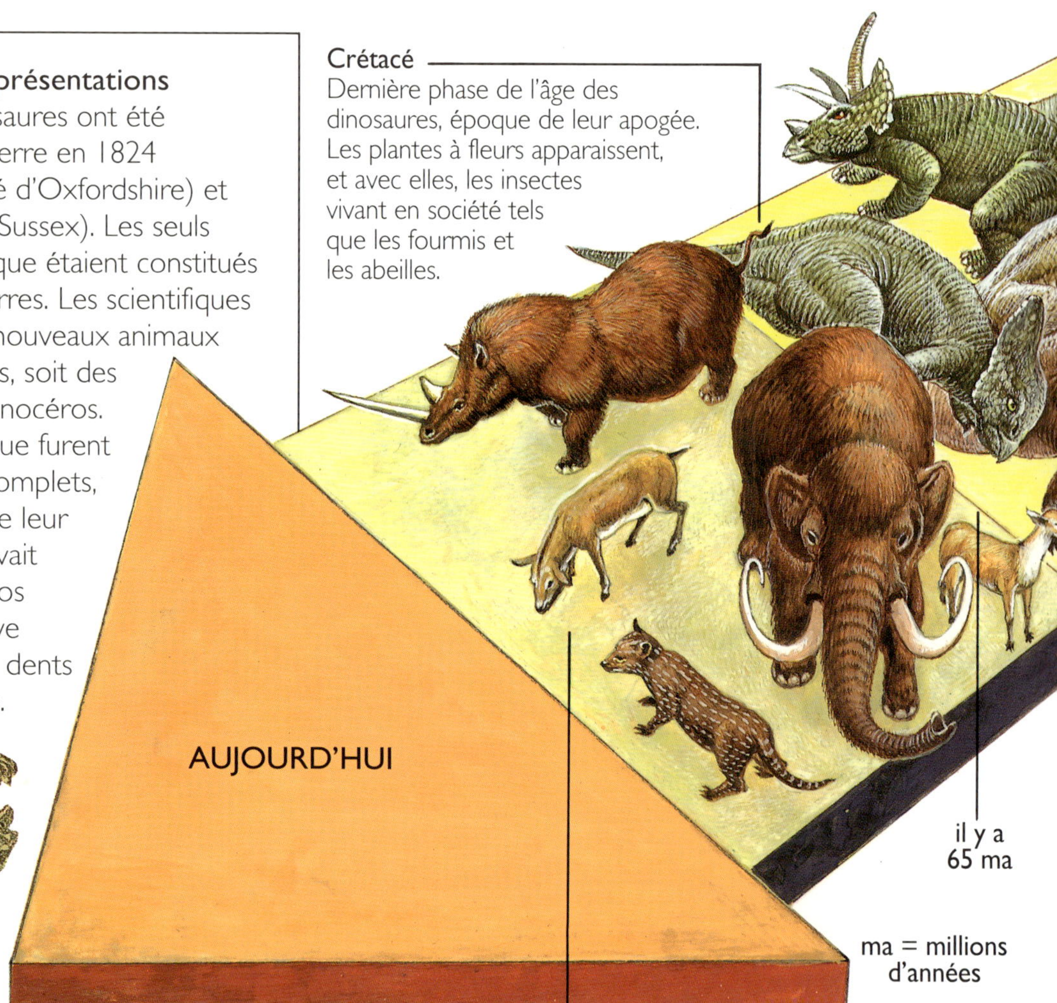

Crétacé
Dernière phase de l'âge des dinosaures, époque de leur apogée. Les plantes à fleurs apparaissent, et avec elles, les insectes vivant en société tels que les fourmis et les abeilles.

Ère cénozoïque (ou tertiaire)
Elle commence il y a 65 millions d'années. Durant cette période, les mammifères se développent et tous les animaux et plantes modernes apparaissent. Elle se termine avec l'apparition de l'homme, il y a environ 2 millions d'années.

Une des premières représentations de l'*Iguanodon* le dépeint comme un monstre féroce ressemblant à un dragon.

Il est difficile de s'imaginer le nombre incroyable d'années que représente l'histoire de la vie sur Terre. Si tu songes aux premières automobiles il y a seulement 100 ans, pense un peu au nombre de choses qui peuvent se passer sur des millions d'années. Cette échelle te montre les principales divisions du temps géologique au cours des 400 derniers millions d'années. Quelques vertébrés représentatifs y figurent.

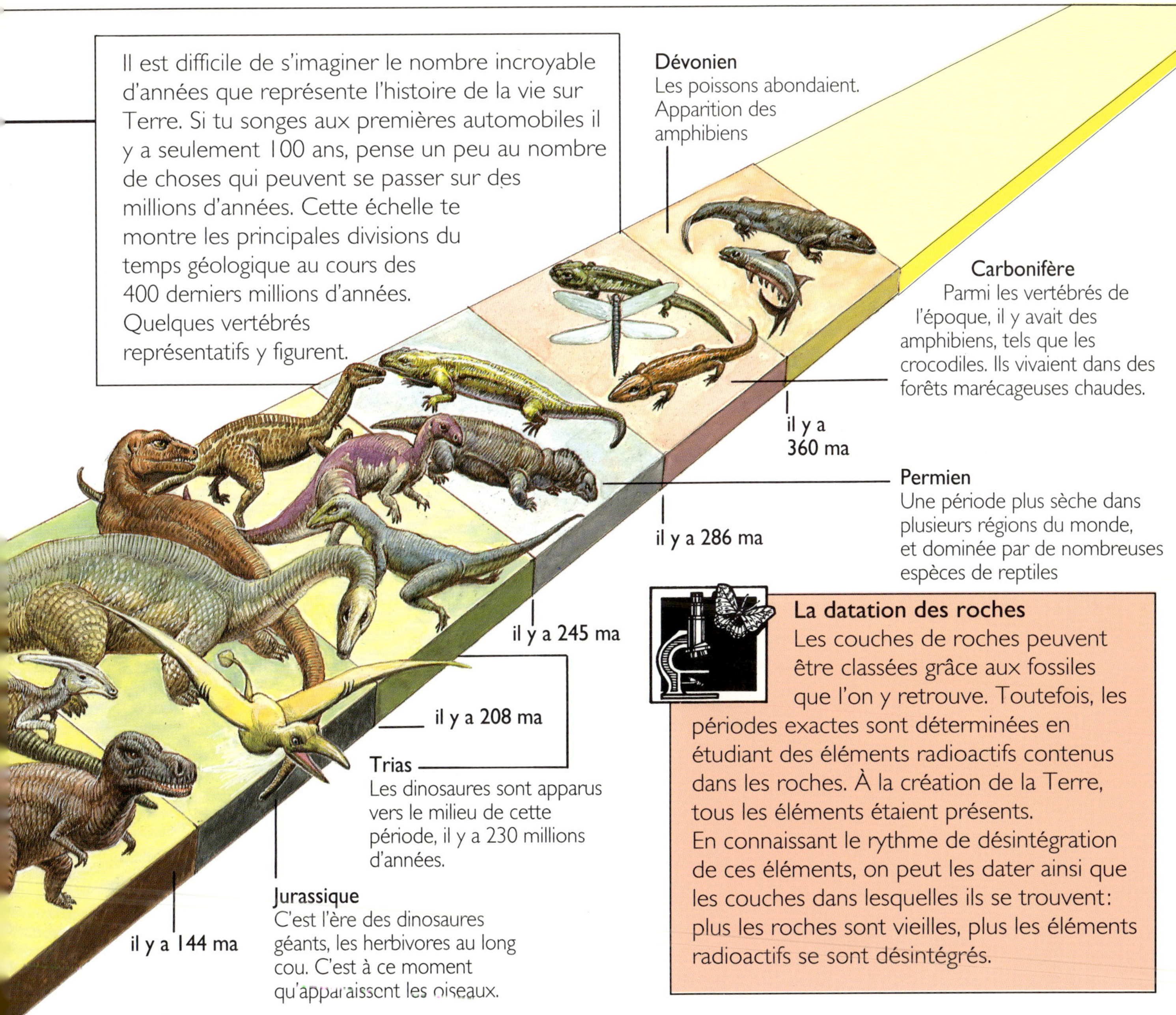

La datation des roches

Les couches de roches peuvent être classées grâce aux fossiles que l'on y retrouve. Toutefois, les périodes exactes sont déterminées en étudiant des éléments radioactifs contenus dans les roches. À la création de la Terre, tous les éléments étaient présents.
En connaissant le rythme de désintégration de ces éléments, on peut les dater ainsi que les couches dans lesquelles ils se trouvent: plus les roches sont vieilles, plus les éléments radioactifs se sont désintégrés.

Les périodes géologiques

Les unités de temps géologique furent baptisées au cours du 19e siècle. Leurs noms reflètent un élément caractéristique de la vie à cette époque, ou se réfèrent à une région du monde. Les principales ères géologiques sont les suivantes: Paléozoïque (vie ancienne), Mésozoïque (vie moyenne) et Cénozoïque (vie récente). L'ère mésozoïque, l'époque des reptiles, est subdivisée en trois périodes: le Trias, le Jurassique et le Crétacé. Le Trias (trois parties) se réfère aux trois principales divisions rocheuses de l'époque en Allemagne. Le Jurassique fut nommé d'après les montagnes du Jura en Allemagne, et le Crétacé provient de la «Creta» (craie), une roche typique de cette période de l'histoire.

Couches de roche

GRANDE DIVERSITÉ

Des centaines d'espèces ou de genres de dinosaures ont été baptisés durant les 175 dernières années. Ces espèces ont été divisées en 6 ou 7 groupes principaux. Il y a les carnivores, les théropodes et les herbivores au long cou, les sauropodomorphes. Ensemble, ces deux groupes forment les saurischiens («à bassin de reptile»). Tous les autres dinosaures appartiennent au groupe des ornithischiens («à bassin d'oiseau»), tous herbivores. Ce groupe comprend les ornithopodes qui se déplaçaient sur leurs membres postérieurs, et les cératopsiens avec leurs cornes, collerette osseuse et bec crochu. Les autres ornithischiens sont les pachycéphalosauridés, les stégosauridés dont le dos et la queue sont hérissés de plaques et de piquants osseux, et les ankylosauridés au corps couvert de plaques hérissées de piquants.

La folie des dinosaures

Le premier engouement pour les dinosaures eut lieu dans les années 1850 en Angleterre. À cette époque, on n'en connaissait que 5 ou 6 espèces. Les journaux et magazines populaires étaient remplis des dernières théories scientifiques. C'est à cette époque que l'on peignit les premières scènes représentant les dinosaures. Sir Richard Owen et l'artiste Waterhouse Hawkins réalisèrent plusieurs modèles de dinosaures grandeur nature, qui furent exposés à Londres en 1853. Ils firent sensation, et on faisait la queue pendant des heures pour les voir. Les reconstitutions furent réalisées en béton et peintes de couleurs vives. On peut toujours les admirer au parc du Crystal Palace dans le sud de Londres.

Un dinosaure du Crystal Palace

Le premier groupe de reptiles à régner sur la Terre fut celui des mammaliens, qui donna naissance aux mammifères au cours du Trias. Les premiers mammifères étaient de petits animaux velus, de la taille d'une musaraigne.

Les traces

Les premiers fossiles de dinosaures furent trouvés en Europe avant 1870. Les découvertes les plus récentes proviennent de l'Antarctique. On découvre 10 ou 15 nouvelles espèces chaque année.

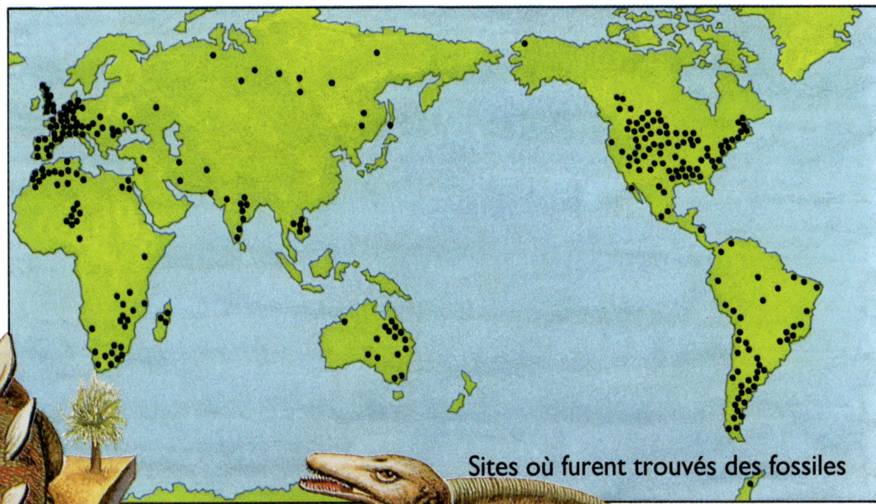

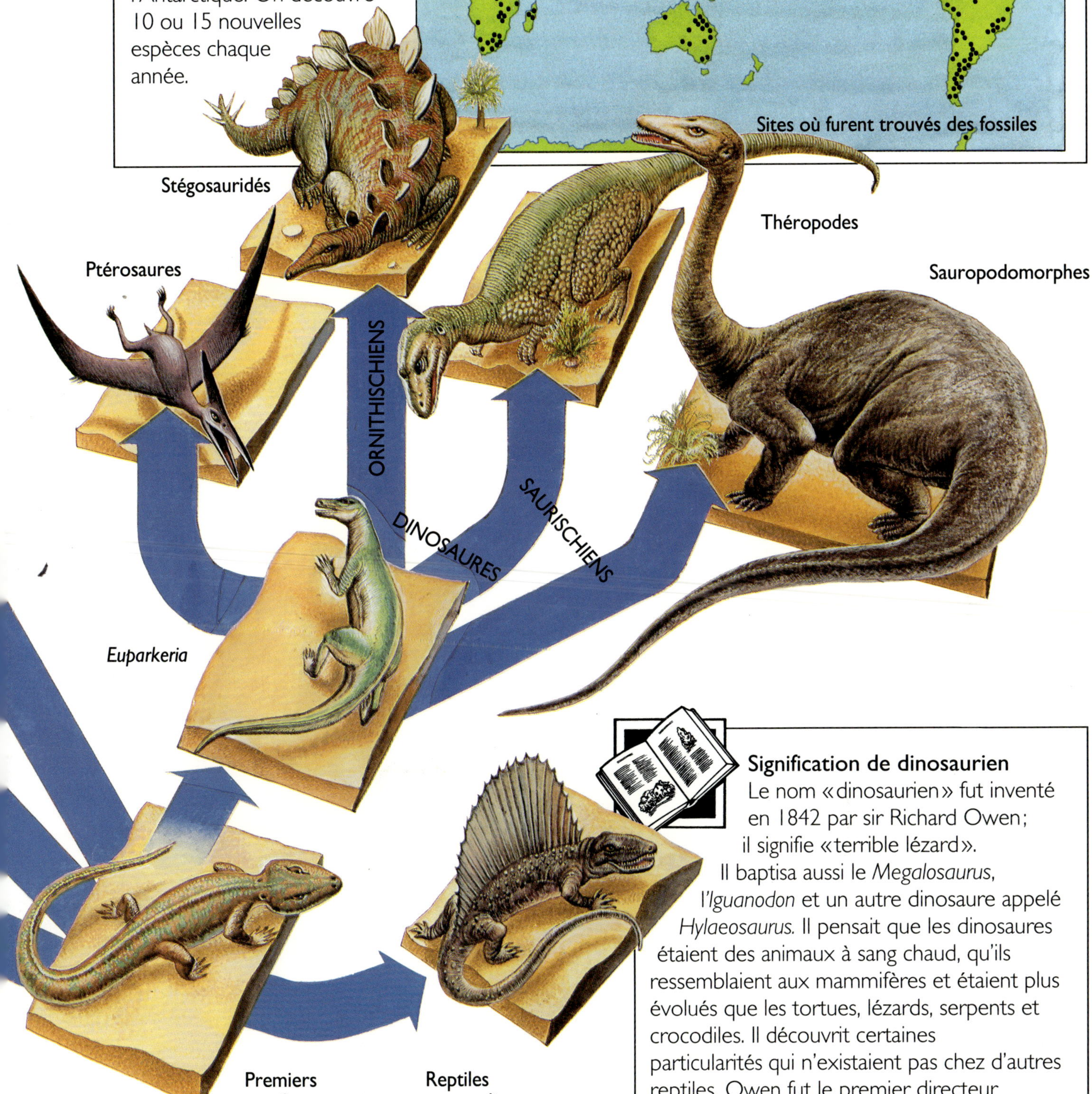

Signification de dinosaurien

Le nom «dinosaurien» fut inventé en 1842 par sir Richard Owen; il signifie «terrible lézard». Il baptisa aussi le *Megalosaurus*, l'*Iguanodon* et un autre dinosaure appelé *Hylaeosaurus*. Il pensait que les dinosaures étaient des animaux à sang chaud, qu'ils ressemblaient aux mammifères et étaient plus évolués que les tortues, lézards, serpents et crocodiles. Il découvrit certaines particularités qui n'existaient pas chez d'autres reptiles. Owen fut le premier directeur du musée d'histoire naturelle de Londres.

LES HABITATS

On connaît bien les territoires sur lesquels vivaient les dinosaures. Les fossiles de dinosaures se trouvent dans les roches, et celles-ci peuvent nous donner une idée de ce à quoi ressemblait leur monde : la température, les précipitations, la distance à la mer, la végétation, et les autres animaux qui vivaient à la même époque. On obtient ces indices en étudiant la *géologie* des sites, c'est-à-dire tout ce que l'on peut apprendre à partir des roches. Un géologue qui trouve des fissures de boue près d'un squelette de dinosaure sait qu'il a dû y avoir des mares qui se sont asséchées. Si un géologue découvre des feuilles fossiles, de petits coquillages ou des os de poissons mélangés aux os de dinosaures, c'est que ceux-ci ont dû vivre à la même époque, peut-être dans un étang où le dinosaure s'abreuvait quand il est mort.

La formation des fossiles

Les fossiles sont les restes des plantes ou animaux préhistoriques. Les fossiles de dinosaures sont généralement constitués par des os séparés ou des squelettes entiers. Quand un dinosaure meurt (1), la chair pourrit ou est mangée. Il ne reste que les os, qui peuvent être recouverts par du sable ou de la boue. Après des millions d'années, la boue et le sable se transforment en roche et les espaces à l'intérieur des os se remplissent de minéraux (2). Plus tard, on découvrira les os fossilisés, soit dans le roc, soit affleurant la surface.

La dérive des continents

Les continents n'ont pas toujours été tels que nous les connaissons. En fait, tous les continents étaient rassemblés en un seul, la Pangée, à l'époque des dinosaures. Cela signifie que les plantes et les animaux pouvaient se déplacer partout dans le monde sans avoir à traverser de grands océans.

Au Jurassique, il pleuvait beaucoup. La végétation était luxuriante et le climat tropical. Il y avait d'énormes forêts de conifères. Ce climat et cette végétation étaient favorables aux dinosaures, et c'est à cette époque qu'apparurent les gigantesques sauropodes.

Collectionne les fossiles

Chacun peut collectionner des fossiles. Renseigne-toi pour savoir où se trouvent les sites de fossiles les plus proches. Il peut s'agir d'un littoral rocheux ou d'une vieille carrière. Tu trouveras des fossiles dans les pierres calcaires, les grès ou les schistes. Assure-toi que ces endroits soient ouverts au public, mais attention : les anciennes carrières et les falaises sont très dangereuses.

LES HERBIVORES

La plupart des dinosaures étaient herbivores. Parmi ceux-ci, les sauropodes au long cou et à longue queue - les plus grands animaux de tous les temps - pouvaient atteindre 20 fois la taille d'un éléphant ! Il y avait également des dinosaures protégés par d'épaisses plaques osseuses : les stégosauridés avec leurs plaques osseuses sur le dos (voir pages 18-19), les pachycéphalosauridés au crâne épais, les cératopsiens cornus et les ankylosauridés caparaçonnés. Certains d'entre eux avaient l'air féroce, même s'ils étaient herbivores. Les ornithopodes, dinosaures bipèdes, tels que l'*Iguanodon,* et les dinosaures à crête et à bec de canard mangeaient également des plantes et les feuilles des arbres et des buissons. Ils ne broutaient pas car il n'y avait pas d'herbe. Celle-ci n'apparaît que 25 millions d'années après la disparition des dinosaures.

L'*Iguanodon*

L'*Iguanodon* fut baptisé à son tour en 1825. Mary Ann Mantell découvrit, en 1822, quelques dents d'un dinosaure herbivore dans le Sussex, en Angleterre. Plus tard, son mari, Gideon Mantell, trouva plusieurs os et se rendit compte qu'ils provenaient tous du même animal. Il trouva que les dents fossiles ressemblaient à celles de l'iguane, un lézard herbivore moderne, même si elles étaient en fait 100 fois plus grandes. C'est ainsi qu'il inventa le nom d'*Iguanodon*, qui signifie « dent d'iguane ».

Les dents

Les dinosaures herbivores présentaient divers types de dents. Les sauropodes géants tels que *Apatosaurus* possédaient de longues dents en forme de crayon aux bords tranchants, utiles pour couper de grandes quantités de feuilles tendres. La plupart des dinosaures caparaçonnés, tels que *Ankylosaurus*, avaient des dents en forme de feuille dont les bords tranchants en dents de scie convenaient pour mâcher des feuilles plus dures.

Stegoceras

Des matières fécales fossilisées nous apprennent ce que mangeaient les dinosaures. Parfois, elles contiennent des graines, ou des feuilles, ou même des morceaux d'os et des écailles de poissons.

La biomécanique des dinosaures

L'une des meilleures façons de comprendre comment les dinosaures étaient bâtis est de penser à eux en termes de constructions. Les *paléontologues* peuvent utiliser les principes de la technique. Ainsi, les sauropodomorphes possédaient un squelette bâti comme un pont suspendu. Le ventre était soutenu par des ligaments ressemblant à des câbles, fixés sur le haut de la colonne vertébrale au niveau des épaules et du bassin.

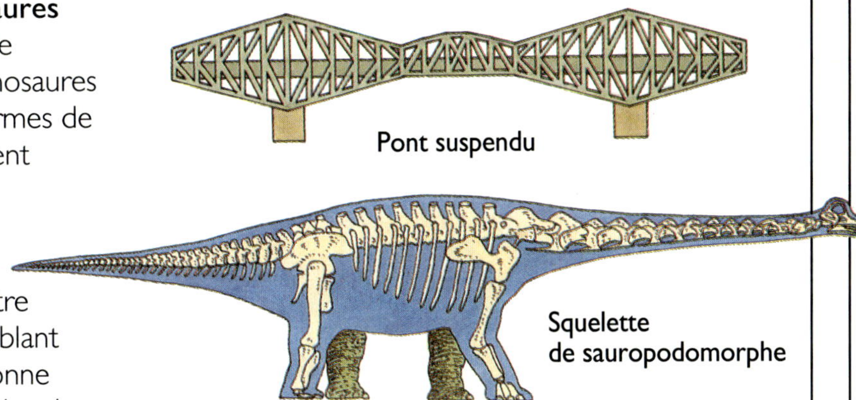

Bleak House

Charles Dickens (1812-1870), le célèbre romancier de l'époque victorienne, parlait des dinosaures dans son livre *Bleak House* publié en 1853. Dickens décrit la rencontre avec «un Megalosaurus, de 12 m de long, se dandinant comme un lézard éléphantesque au sommet de Holborn Hill» à Londres. C'était l'année où Richard Owen exposait ses reconstitutions à Londres. Dickens avait, au début de sa carrière, travaillé comme reporter, et ses ouvrages reflètent l'ambiance sociale de l'époque et les thèmes alors en vogue.

LES CARNIVORES

Les dinosaures carnivores appartenaient tous au groupe des théropodes, cousins des grands sauropodomorphes herbivores. Théropode signifie «pied de bête» en raison de leurs pieds dotés de trois griffes acérées. Il y en avait de toutes tailles, depuis le petit *Compsognathus,* long de 60 cm et haut comme un dindon, jusqu'à l'effrayant *Tyrannosaurus rex.* Ce dernier mesurait 12 m de long et pesait entre 6 et 7 t, plus qu'un éléphant ! Lorsqu'il ouvrait sa gueule, ses mâchoires s'écartaient de plus de 1 m, et il aurait pu avaler un être humain d'une seule bouchée ! Les petits théropodes se nourrissaient de lézards et de grenouilles, tandis que les plus grands s'attaquaient aux dinosaures herbivores.

Les «premiers» dinosaures

Des os de dinosaures ont dû être déterrés bien avant que les *paléontologues* ne se rendent compte qu'il s'agissait de dinosaures. Ainsi, Robert Plot pensait que l'énorme fossile qu'il avait trouvé provenait d'un humain de très grande taille. En 1677, il publia un livre intitulé *L'Histoire naturelle de l'Oxfordshire.* On y voyait l'illustration d'un os de dinosaure. Plot s'aperçut qu'il s'agissait d'une partie d'un fémur, juste au-dessus de l'articulation du genou, mais ce n'est que 150 ans plus tard que les savants surent de quel animal cet os provenait. D'autres os de cet animal furent mis au jour près d'Oxford et, en 1824, Dean William Buckland le baptisa *Megalosaurus,* ce qui veut dire «grand lézard». Ce carnivore fut le premier dinosaure à être baptisé.

Représentation moderne de *Megalosaurus*

Les ptérosaures comme le *Cearadactylus* n'étaient pas des dinosaures mais de proches parents. Ils vivaient cependant à la même époque et se nourrissaient d'insectes volants et de poissons qu'ils pêchaient dans les lacs et les mers.

Tyrannosaurus rex avait un crâne massif et de grandes mâchoires, comme le montre l'illustration. Celles-ci pouvaient s'écarter de 1 m.

Pourquoi ces noms?

Les noms de dinosaures t'apprennent des choses intéressantes quand tu sais les interpréter. *Tyrannosaurus rex* signifie «lézard-tyran roi», *Ornithomimus* signifie «lézard imitant les oiseaux», *Deinonychus* signifie «terrible griffe», et *Baryonyx*, «lourdes griffes».

À la mémoire des dinosaures

C'est en Angleterre, dans les années 1850, qu'est né l'intérêt pour les dinosaures. Depuis, la popularité des dinosaures est mondiale. Des centaines de livres ont été publiés sur les dinosaures, sans parler des émissions de télé et des articles de journaux. Tu trouveras toutes sortes d'articles rappelant les dinosaures: modèles réduits, crayons, t-shirts, chapeaux, affiches, épinglettes, biscuits, et même des pâtes. Combien d'articles peux-tu rassembler?

Maquette animée du *Tyrannosaurus rex*

Allosaurus

Ornithomimus velox

Allosaurus était un grand théropode typique qui se nourrissait probablement d'autres dinosaures, se servant de ses énormes pattes et de ses puissantes mâchoires pour les tuer. *Baryonyx* se nourrissait probablement de poissons, utilisant ses longues mâchoires semblables à celles du crocodile pour les attraper. La grande griffe incurvée située sur la «main» de l'animal lui servait probablement de harpon pour pêcher. *Ornithomimus* était plus léger, et chassait de petits animaux. Il n'avait pas de dents. Ses mâchoires étaient en forme de bec.

Certains scientifiques pensent que les oiseaux modernes pourraient être parents avec les théropodes.

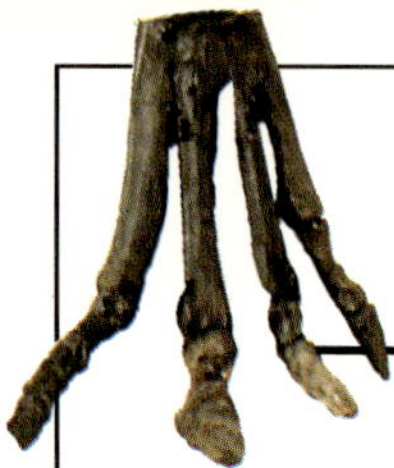

COURSE ET NAGE

On s'imagine souvent que les dinosaures se déplaçaient lourdement et très lentement. C'est probablement vrai pour les grands sauropodomorphes qui devaient marcher relativement lentement. Si l'un d'eux avait voulu courir, il serait tombé ou se serait cassé quelque chose. Les herbivores de taille moyenne, les cératopsiens (voir pages 24-25) devaient cependant courir assez vite, comme les rhinocéros actuels. Certains des plus petits carnivores devaient être capables de courir aussi vite qu'un cheval de course, en particulier *Ornithomimus* et le féroce *Deinonychus*. Mais comment les paléontologues savent-ils comment les dinosaures pouvaient courir et nager ?

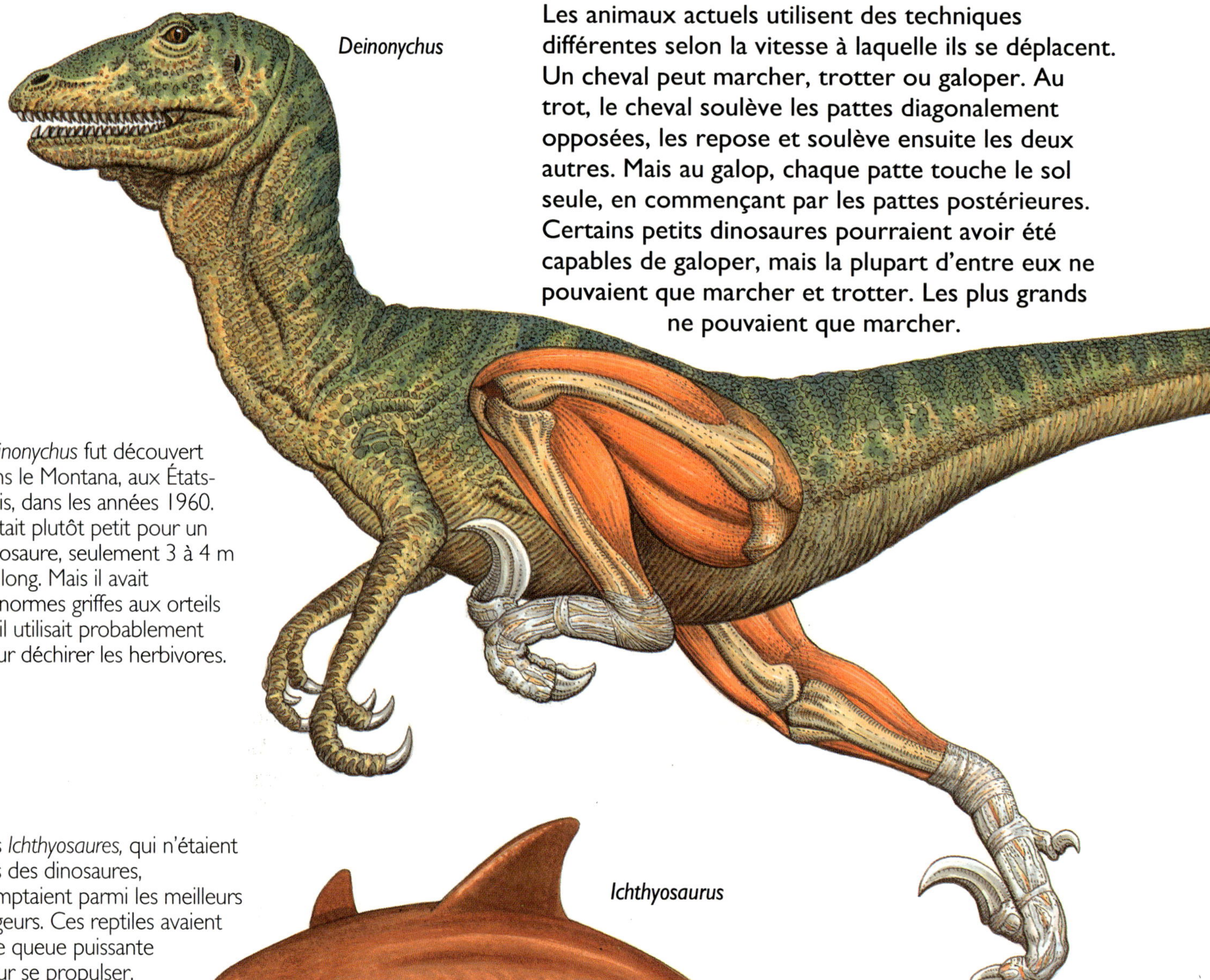

Les animaux actuels utilisent des techniques différentes selon la vitesse à laquelle ils se déplacent. Un cheval peut marcher, trotter ou galoper. Au trot, le cheval soulève les pattes diagonalement opposées, les repose et soulève ensuite les deux autres. Mais au galop, chaque patte touche le sol seule, en commençant par les pattes postérieures. Certains petits dinosaures pourraient avoir été capables de galoper, mais la plupart d'entre eux ne pouvaient que marcher et trotter. Les plus grands ne pouvaient que marcher.

Deinonychus fut découvert dans le Montana, aux États-Unis, dans les années 1960. Il était plutôt petit pour un dinosaure, seulement 3 à 4 m de long. Mais il avait d'énormes griffes aux orteils qu'il utilisait probablement pour déchirer les herbivores.

Les *Ichthyosaures*, qui n'étaient pas des dinosaures, comptaient parmi les meilleurs nageurs. Ces reptiles avaient une queue puissante pour se propulser.

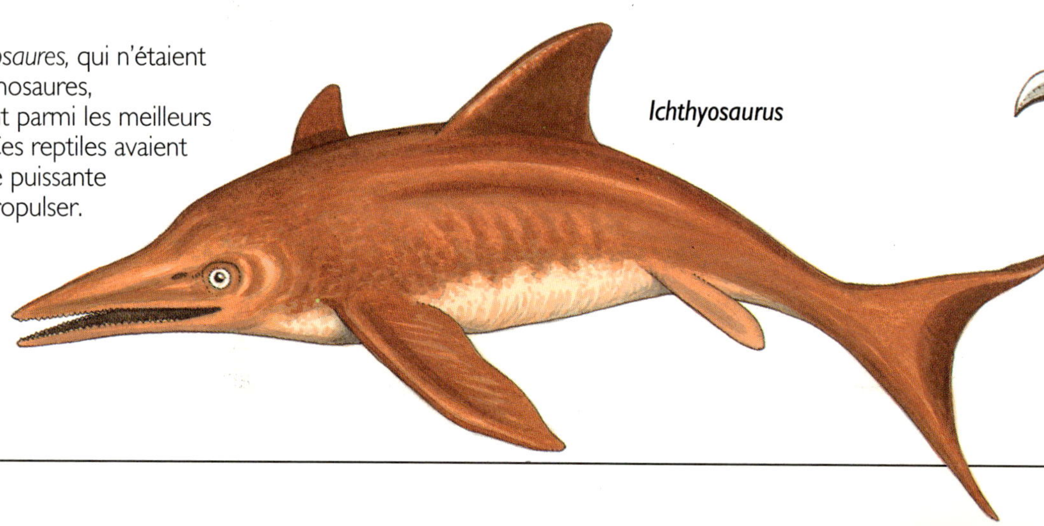

Traces

Lorsqu'un dinosaure se déplaçait dans de la boue ou du sable humide, il y laissait des empreintes. Celles-ci pouvaient être recouvertes par du sable et préservées. Des empreintes fossiles de dinosaures ont été découvertes partout dans le monde. Celles-ci indiquent quel dinosaure les a laissées, où il se dirigeait et à quelle vitesse.

Migration

Les paléontologues ont découvert récemment des sites sur lesquels ils ont retrouvé des milliers de pistes de dinosaures séparées. Dans certains cas, toutes les pistes se dirigeaient dans la même direction et semblent avoir été faites par des animaux de toutes tailles, mais de la même espèce. Ces pistes semblent prouver qu'il existait de grands troupeaux de dinosaures qui se déplaçaient sur de longues distances. Ils migraient peut-être pour chercher de la nourriture ou un climat plus chaud pour passer l'hiver.

Ces empreintes montrent comment ces animaux marchaient. Les reptiles mammaliens (1) se déplaçaient sur quatre pattes, un des ancêtres du dinosaure (2) marchait en partie redressé, les théropodes (3) marchaient debout sur leurs pattes arrière et les ornithopodes (4) pouvaient marcher sur quatre pattes ou debout.

Calcul de la vitesse des dinosaures

Plus tu cours vite, plus tes enjambées sont longues. Tu peux le vérifier en marchant lentement, puis plus vite, et en courant sur du sable. Parcours la même distance à chaque reprise et évalue chaque fois ta vitesse à l'aide d'un chronomètre. Mesure ensuite la distance entre chaque empreinte de pas et établis le rapport entre ta vitesse et la longueur de tes enjambées. Les scientifiques calculent la vitesse des dinosaures de la même façon: en regardant la distance entre leurs traces de pas. Plus cette distance est importante, plus le dinosaure devait se déplacer rapidement.
Si les empreintes sont très rapprochées, il est probable qu'il marchait lentement.

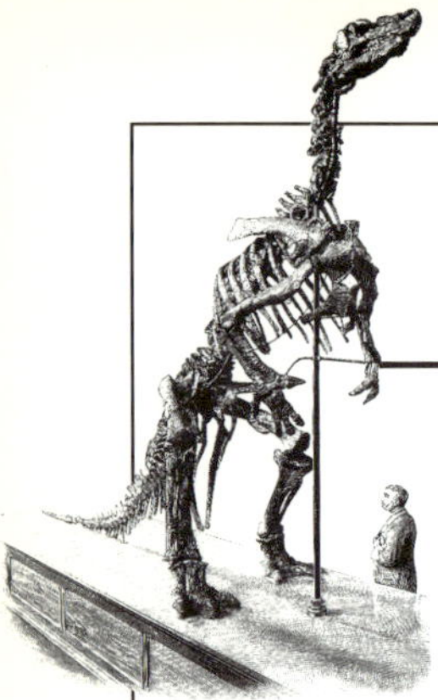

PROBLÈMES DE TAILLE

La chose la plus frappante chez les dinosaures, c'est leur taille. Bien que certains, comme le *Compsognathus,* n'étaient pas plus grands que des dindons, il est évident que les dinosaures vivaient à une échelle différente de celle des mammifères. Les mammifères, ces vertébrés velus, dominent la Planète à l'heure actuelle. Toutefois, le plus grand mammifère terrestre vivant de nos jours, l'éléphant, est un nain de 5 t comparé aux sauropodomorphes dont un grand nombre pesait entre 50 et 100 t. La plupart des mammifères actuels sont très petits - pense aux souris, rats, musaraignes et hérissons - et aucun dinosaure n'a jamais été aussi petit !

La profondeur des empreintes de dinosaures montre qu'ils étaient très lourds.

Quelle taille auraient pu atteindre les dinosaures ? Auraient-ils pu atteindre des poids de 200, 500, voire 1 000 t ? Il y a une limite pour les animaux terrestres due au fait qu'ils doivent être capables de soulever leur poids avec leurs pattes et de se déplacer. Au-delà d'environ 140 t, un dinosaure aurait eu besoin de pattes si grosses qu'il n'aurait pas pu se déplacer.

Comment peser les dinosaures

Utilise un modèle réduit de dinosaure pour calculer le poids qu'il aurait pesé dans la réalité. Plonge la figurine dans un récipient plein d'eau et calcule le volume qu'elle déplace. Le volume de la figurine est le même. Si la figurine est à l'échelle 1/20, le volume doit être multiplié par 20 × 20 × 20 pour obtenir le volume du dinosaure. Les reptiles actuels pèsent 0,9 fois leur volume d'eau. Multiplie donc le volume pour obtenir le poids en grammes.

La «ruée vers l'os»

Entre 1870 et 1900, une compétition acharnée eut lieu dans le Middle West américain. Deux paléontologues rivaux, Edward Cope et Othniel Marsh, s'opposèrent dans la recherche de nouveaux fossiles et dépensèrent d'énormes sommes d'argent en personnel. Ils ont baptisé presque tous les dinosaures américains célèbres: *Allosaurus, Apatosaurus, Camarasaurus, Camptosaurus, Ceratosaurus, Diplodocus, Nodosaurus, Ornithomimus, Stegosaurus* et *Triceratops.* On a baptisé cette compétition la «ruée vers l'os».

Marsh

Cope

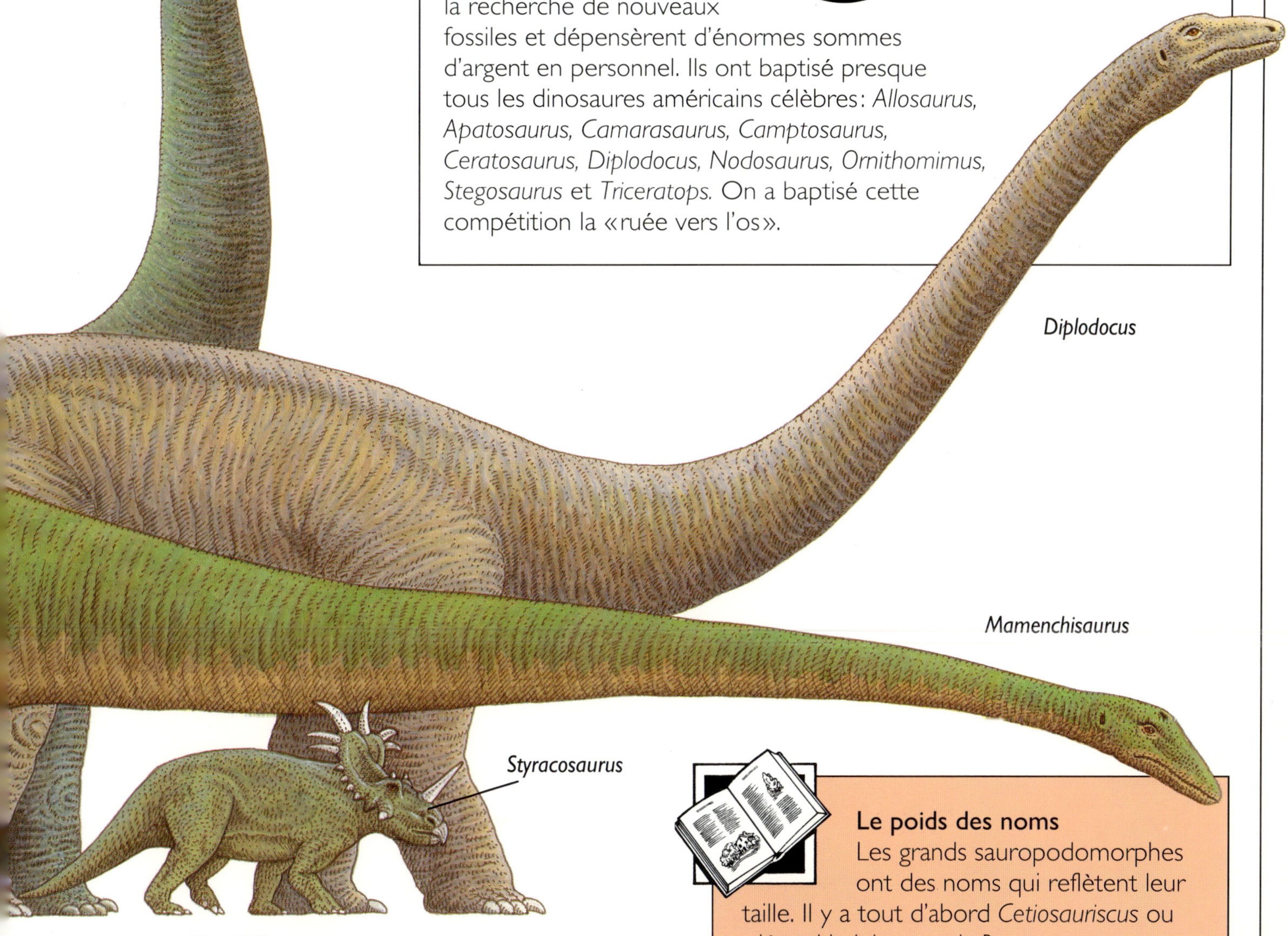

Brachiosaurus

Diplodocus

Mamenchisaurus

Styracosaurus

Le poids des noms

Les grands sauropodomorphes ont des noms qui reflètent leur taille. Il y a tout d'abord *Cetiosauriscus* ou «lézard baleine», puis *Brontosaurus* ou «lézard tonnerre». On a découvert plus récemment des sauropodomorphes encore plus grands: en 1971 *Supersaurus* ou «plus grand lézard», en 1979 *Ultrasaurus* ou «lézard encore plus grand», et en 1989 *Seismosaurus* ou «lézard qui fait trembler la terre». Quel nom trouvera-t-on si l'on découvre un dinosaure encore plus grand? Qu'en penses-tu?

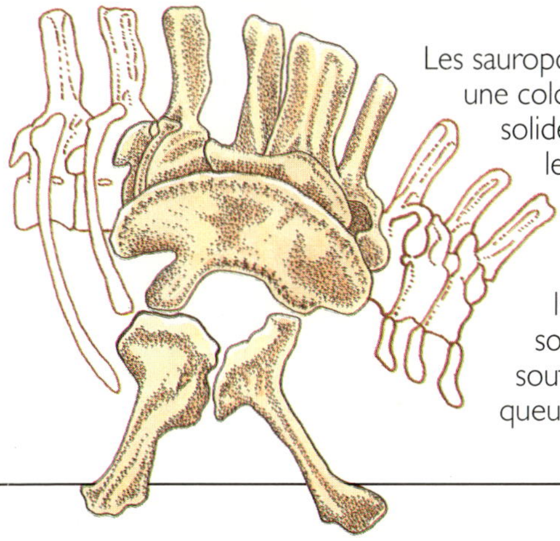

Les sauropodomorphes avaient une colonne vertébrale très solide. Chez certains, les vertèbres étaient soudées. Cela permettait aux muscles et aux ligaments de s'ancrer solidement pour soutenir le corps et la queue massive.

CONTRÔLE DE LA TEMPÉRATURE

L'une des grandes controverses de ces dernières années concerne le sang des dinosaures. Étaient-ils simplement des animaux à sang froid comme les reptiles et poissons actuels, dont la température du corps varie en fonction de celle de l'air ou de l'eau qui les entoure ? Ou bien pouvaient-ils garder leur corps à une température constante comme les oiseaux et les mammifères ? On n'a toujours pas de réponse à cette question. Tout ce que l'on peut dire, c'est que les dinosaures se situaient probablement entre les deux. Une température corporelle constante leur aurait permis d'être actifs tout le temps, et pas uniquement quand l'air était chaud. Cependant, ils n'auraient pas dû manger autant que les vrais animaux à sang chaud. Les neuf dixièmes de ce que nous mangeons servent à contrôler notre température corporelle.

Les dinosaures polaires

On pensait auparavant que les dinosaures ne vivaient que dans les parties les plus chaudes du Globe, ce qui était logique s'ils avaient le sang froid. Cependant, on a découvert récemment des dinosaures en Alaska, dans le cercle Arctique et dans le sud de l'Australie, qui se trouvait auparavant à l'intérieur du cercle Antarctique. Parmi les dinosaures australiens, il y a *Hypsilophodon* que l'on trouvait également en Europe et en Amérique du Nord.

Squelette d'*Hypsilophodon*

Le dimétrodon, un des premiers reptiles mammaliens, possédait une voile qui absorbait rapidement la chaleur du soleil le matin, et servait de système de refroidissement lorsque le corps était trop chaud.

La peau qui recouvrait les plaques osseuses du stégosaure était parcourue de vaisseaux sanguins. C'est par là qu'il absorbait ou éliminait la chaleur.

Dimétrodon

Se réchauffer

Le matin, les reptiles s'allongent au soleil et absorbent la chaleur. C'est ce qu'on appelle lézarder. Certains reptiles fossiles avaient des organes spéciaux qui leur permettaient d'absorber la chaleur plus rapidement. Certains reptiles mammaliens étaient dotés de voiles d'os et de peau, et le stégosaure était équipé de plaques osseuses recouvertes de peau.

Se refroidir

Les reptiles actuels s'abritent lorsqu'ils ont trop chaud. Sous la chaleur de midi, ils se cachent sous les rochers. Les dinosaures utilisaient probablement leur voile, leurs épines et leur peau pour évacuer la chaleur, ou bien ils se pelotonnaient sur le sol à l'ombre et ne bougeaient plus jusqu'à ce qu'ils aient refroidi.

Stégosaure

Les dinosaures avaient probablement le sang froid, tout comme les reptiles actuels. Mais la plupart d'entre eux étaient si grands qu'ils étaient aussi efficaces que les animaux à sang chaud. Autrement dit, il leur fallait tellement de temps pour se réchauffer le matin et pour se refroidir la nuit que leur température corporelle était pratiquement constante.

Température corporelle

Des expériences ont montré que la température corporelle des alligators de petite taille est la même que celle de l'air environnant. Les alligators de grande taille, qui pèsent 100 kg, ont une température corporelle plus constante, même quand les jours sont chauds et les nuits froides. Donc, un dinosaure qui pesait 10 t devait probablement garder la même température corporelle jour et nuit.

Les nouveaux artistes

Les premières représentations des dinosaures les faisaient ressembler à des rhinocéros. Cependant, depuis 1850, des dizaines d'artistes ont employé leur talent pour illustrer les découvertes faites par les scientifiques au sujet de la vie des dinosaures. En 1968, certains dessins passionnants de la main de Bob Bakker furent publiés aux États-Unis. Il dépeignait les dinosaures comme des animaux actifs, vifs et courant avec le dos à l'horizontale, et non debout comme des kangourous.

PARADE ET PONTE

Les dinosaures vivaient-ils en famille, et comment communiquaient-ils entre eux ? Comment pondaient-ils ? Des travaux récents menés en Amérique du Nord et en Mongolie ont démontré que les dinosaures étaient capables de communiquer à l'aide de signaux complexes en partie par le biais de la vue, et en partie grâce à l'ouïe. Les mâles et les femelles avaient souvent une apparence très différente. Les mâles avaient, semble-t-il, des cornes et des crêtes plus développées, qu'ils utilisaient probablement lors des combats pour les femelles, et pour la parade, tout comme les cerfs et les antilopes actuels. Après l'accouplement, les mères faisaient de larges nids à même le sol où elles pondaient leurs œufs. Certains parents nourrissaient leurs petits.

Mâles et femelles

C'est parmi les dinosaures à bec de canard, tels que *Corythosaurus, Parasaurolophus* et *Tsintaosaurus* que les différences entre mâles et femelles sont les plus marquées. Quand on découvre de nombreux squelettes rassemblés, la moitié d'entre eux a une crête développée, et l'autre moitié a une crête plus petite. Il semble qu'il y ait également des différences dans la taille des cornes situées au-dessus des yeux chez les dinosaures cornus tels que le *Triceratops*. La corne du *Ceratosaurus,* un carnivore, était plus grande chez le mâle. Il l'utilisait sans doute pour marquer son territoire.

Mâle

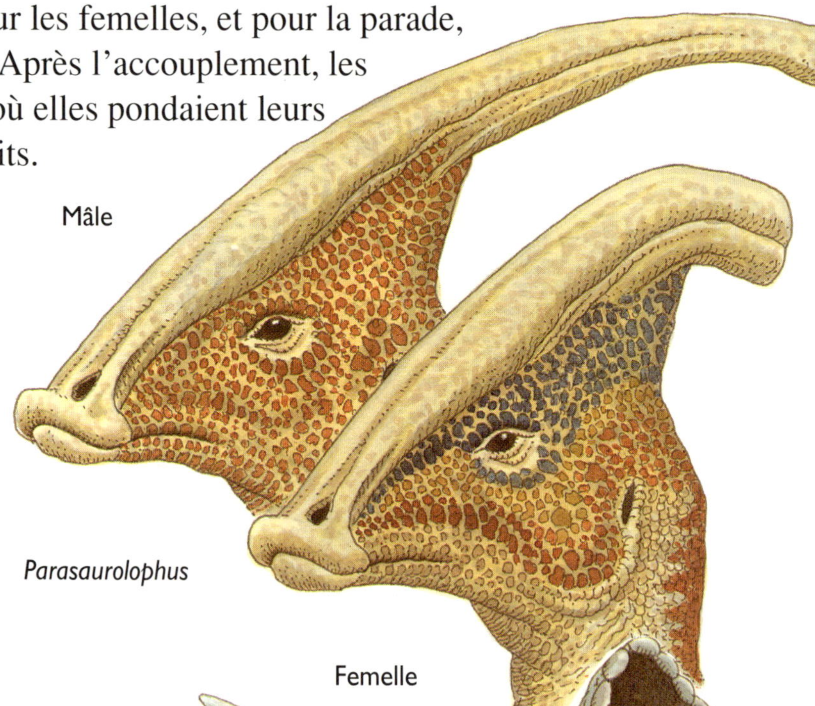

Parasaurolophus

Femelle

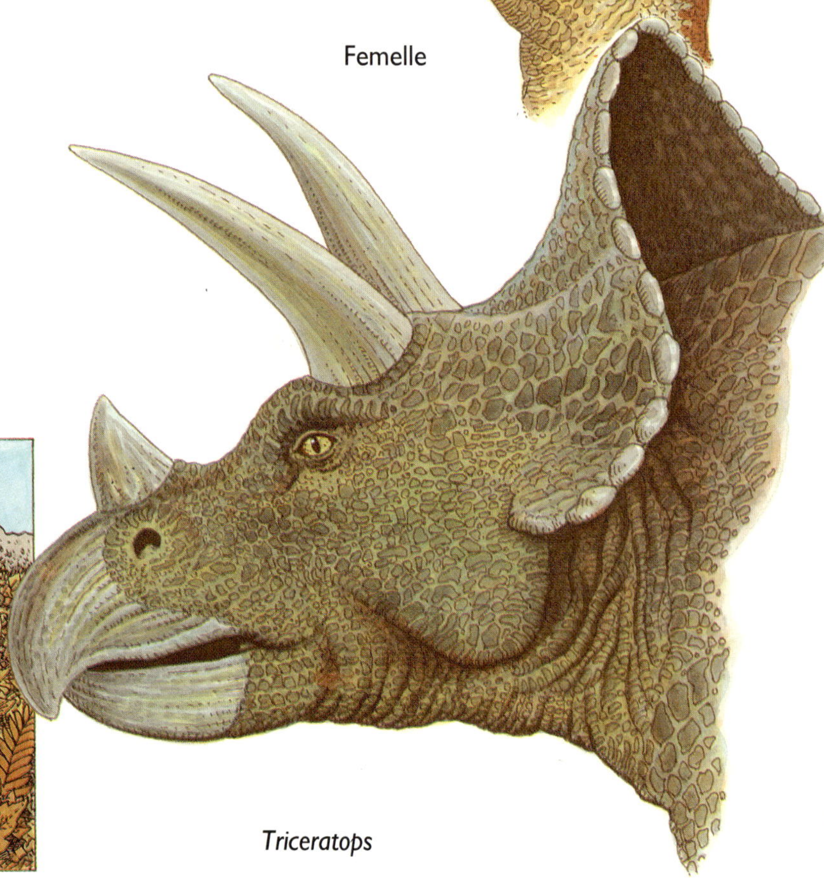

Triceratops

Les dinosaures pondaient entre 10 et 30 œufs à la fois qu'ils disposaient souvent en cercle régulier dans un nid en terre à même le sol. Ils recouvraient le nid de feuilles et de boue pour protéger les œufs. Après quelques semaines, les œufs éclosaient. Certains parents dinosaures nourrissaient leurs petits après l'éclosion (voir pages 22-23).

Les oiseaux mâles ont souvent un plumage coloré tandis que celui des femelles est terne. Les couleurs vives servent à la parade pour séduire une compagne.
Les daims mâles ont des bois pour la même raison.

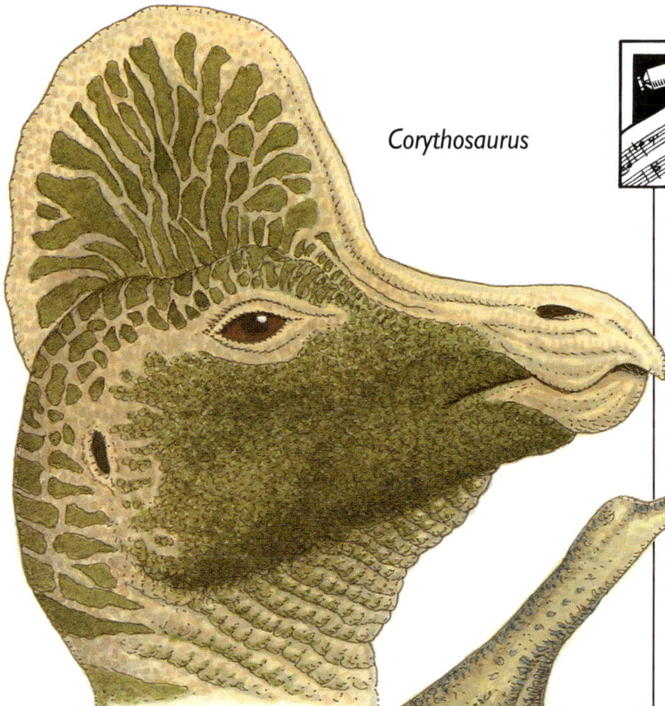

Corythosaurus

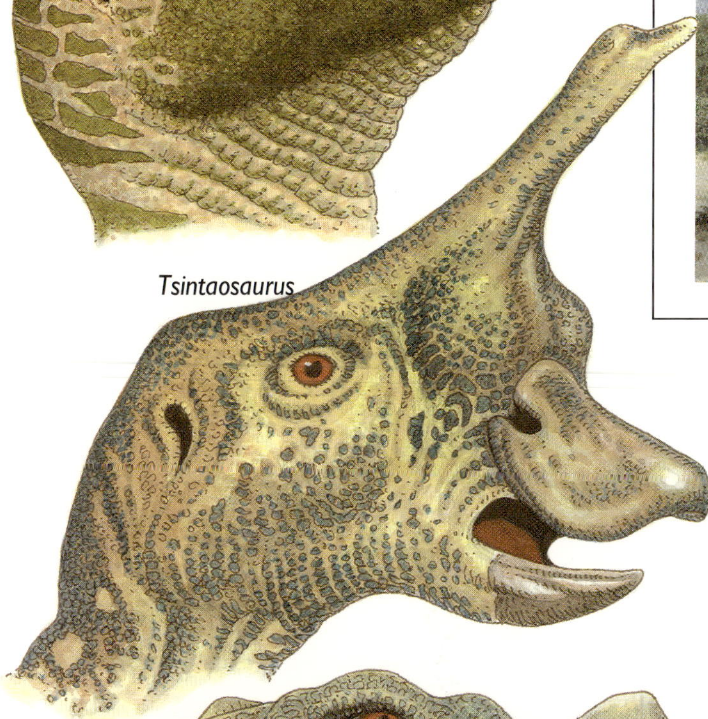

Tsintaosaurus

Ceratosaurus

John Sibbick

Il est l'un des artistes les plus connus pour ses représentations de dinosaures. Il a peint une série d'illustrations des dinosaures les plus importants pour un ouvrage paru en 1985.

Crêtes musicales

On a trouvé des conduits reliant les narines à la gorge et permettant le passage de l'air dans les crêtes des dinosaures à bec de canard. Lorsque l'air passe dans un tube, il le fait vibrer, et produit des ondes sonores. Essaie de souffler dans un long tube recourbé. C'est comme cela que les trompettes produisent leurs sons. Lorsque ces dinosaures soufflaient fortement, ils sifflaient et produisaient des sons de trompette.

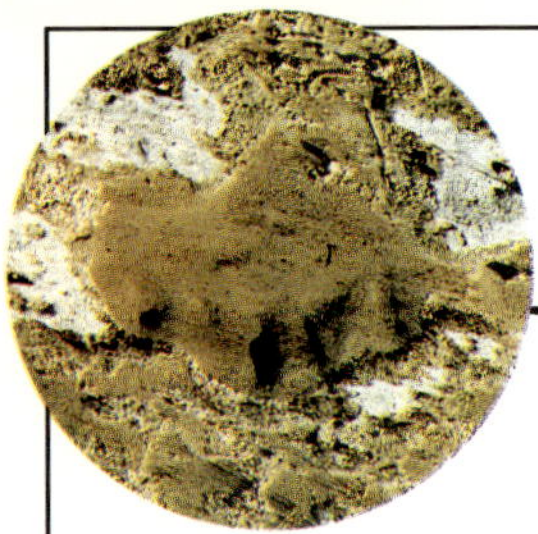

DES FAMILLES HEUREUSES ?

Les dinosaures avaient mauvaise presse dans le passé. Jusqu'à tout récemment, beaucoup de gens pensaient que les dinosaures avaient dû être des monstres assoiffés de sang. Ils pensaient que les dinosaures mangeaient leurs propres bébés. Cette idée trouve son origine dans des histoires ramenées par des explorateurs revenant d'Afrique il y a un siècle. Ils prétendaient avoir vu des mères crocodiles manger leurs petits à leur sortie de l'œuf. Néanmoins, de nouvelles études ont montré qu'en fait, les mamans crocodiles rassemblent les jeunes dans leur gueule et les transportent jusqu'à l'eau où ils sont en sécurité. Les fouilles entreprises en Amérique du Nord ont montré que les dinosaures s'occupaient également de leurs petits en les nourrissant et en les protégeant des carnivores.

L'époque victorienne
À cette époque, il y a 100 ans, on disait que les reptiles étaient gluants, froids et mauvais. Dans la Bible, c'est un serpent qui tente Adam et Ève au Jardin d'Éden. Il n'est donc pas surprenant que l'on croyait que les dinosaures étaient des monstres horribles et cruels. Sur les anciennes représentations, les dinosaures apparaissaient souvent comme des monstres marins à l'air féroce.

Famille d'*Iguanodons*

Les dinosaures vivaient en groupes familiaux dans lesquels étaient rassemblés les bébés, les jeunes et les adultes. Cela a été prouvé par certaines fouilles récentes entreprises près d'anciens nids. À l'intérieur de ceux-ci, on a trouvé des œufs et des nouveau-nés et aux alentours, des jeunes de 1 et 2 ans et leurs parents.

Le clonage des dinosaures

Peux-tu imaginer ce qui se passerait s'il y avait des dinosaures vivants aujourd'hui? *Le Parc jurassique*, le film de Stephen Spielberg basé sur le livre de Michael Crichton, peut t'en donner une idée. Des scientifiques clonent l'ADN, les constituants essentiels de la vie, à partir de sang de dinosaure retrouvé dans des insectes fossilisés. Dans la réalité, des scientifiques ont pu récupérer des protéines de dinosaures en 1992. Toutefois, même si on trouve de l'ADN, le clonage d'un dinosaure semble peu probable.

Certains dinosaures nouveau-nés étaient capables de sortir du nid dès la naissance. Ils pouvaient se déplacer et trouver leur nourriture seuls. D'autres devaient rester dans le nid pendant quelques semaines ou quelques mois. Ils étaient sans défense et devaient se nourrir de plantes tendres que leur ramenait papa ou maman, ou même un grand frère ou une grande sœur.

Des dinosaures vivants?

Pour voir un dinosaure «vivant», va au musée. Les nouveaux robots de dinosaures réalisés en caoutchouc et en acier reproduisent leurs mouvements et leurs bruits. La plupart d'entre eux ont nécessité des heures d'étude basée sur des indices offerts par les os et les roches. Ensuite, il a fallu beaucoup d'heures de travail aux techniciens pour assembler l'équipement électronique compliqué qui se trouve à l'intérieur et qui fait bouger les bras et jambes des robots, cligner leurs yeux et s'ouvrir leur gueule pour rugir. Les robots du film *Le Parc jurassique* ont été construits par des ingénieurs de la *Kokoro*, une entreprise de Tokyo à la pointe de l'animation des reproductions de dinosaures. Celle-ci fournit des parcs et musées partout dans le monde. Des artistes sculptent le corps en polyuréthane par-dessus un squelette métallique pneumatique. Puis ils appliquent une couche de silicone pour donner la texture de la peau et la peignent. Personne ne sait au juste de quelle couleur étaient les dinosaures.

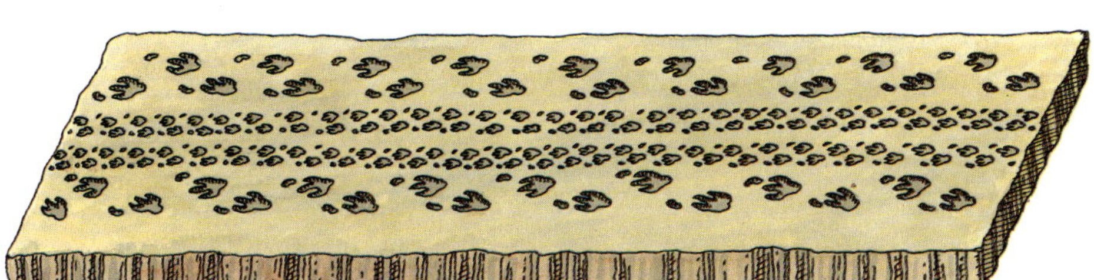

Certaines traces de dinosaures prouvent que les parents protégeaient leurs petits quand ils se déplaçaient. Les traces les plus petites sont à l'intérieur et les plus grandes à l'extérieur.

MOYENS DE DÉFENSE

La plupart des dinosaures étaient des herbivores et devaient donc craindre les attaques des grands carnivores. Seuls les sauropodomorphes géants étaient suffisamment grands pour n'avoir à craindre aucun ennemi. Les carnivores chassaient à l'aide de leurs griffes acérées et de leur mâchoire massive. Certains herbivores assuraient leur sécurité grâce à leur course rapide. Mais d'autres étaient capables de se défendre. Les ankylosauridés étaient presque entièrement protégés par leurs plaques osseuses, et certains d'entre eux avaient une queue qui ressemblait à un gourdin et qu'ils pouvaient utiliser pour frapper l'attaquant. Les cératopsiens utilisaient les cornes de leur nez et de leur front. Les carnivores n'avaient pas toujours le dernier mot !

Deinonychus avait des griffes redoutables à chaque patte. Pour attaquer, il soulevait une patte vers l'arrière et relevait la griffe dont elle était munie avant de la projeter vers l'herbivore dont il lacérait le flanc.

La réalité rencontre la fiction

Dès qu'ils ont été découverts, les dinosaures ont intégré le monde de la fiction. Certains des plus grands écrivains ont écrit des ouvrages sur le voyage dans le temps. *Le Monde perdu* de sir Arthur Conan Doyle (1859-1930), l'inventeur du grand détective Sherlock Holmes, en est un exemple typique. Dans *Le Monde perdu,* le professeur Challenger conduit une expédition en Amérique latine qui l'amène à découvrir des dinosaures sur un plateau montagneux oublié. Comme autres livres célèbres où apparaissent les dinosaures, citons encore *Voyage au centre de la Terre* de Jules Verne (1828-1905) et *Caspak monde oublié* d' Edgar Rice Burroughs (1875-1950), le créateur de *Tarzan.*

Sir Arthur Conan Doyle

Triceratops

Le tricératops était un herbivore, mais il était capable de se défendre contre un tyrannosaure en utilisant ses cornes pour éventrer le carnivore.

Nodosaurus

Tyrannosaurus rex, le plus grand carnivore de tous les temps, était un prédateur redoutable. Il utilisait ses pattes ressemblant à des serres d'oiseau pour frapper ses proies et les maintenir tandis qu'il arrachait la chair avec ses mâchoires massives. Les tyrannosaures avaient des bras si petits que leurs «mains» n'atteignaient pas leur gueule.

Tyrannosaurus rex

Le pouce stylet

Le premier dinosaure herbivore trouvé fut l'*Iguanodon*. On a découvert un grand éperon osseux avec les premiers squelettes, et les savants de l'époque pensèrent qu'il s'agissait d'une corne nasale. Plus tard, il apparut que cette «corne» était la griffe du pouce.

Les films et les dinosaures

Le premier film concernant les dinosaures fut tourné en 1914 en utilisant des modèles réduits. Les techniques d'animation utilisées étaient peu réalistes et souvent amusantes. Par l'animation image par image utilisant des modèles en caoutchouc, on obtenait des mouvements saccadés et peu naturels. Une autre solution consistait à doter de vrais lézards d'«ailerons» de dinosaures. Depuis, les reconstitutions sont de plus en plus fidèles.

Des plaques de protection

Les ankylosauridés ressemblent à de petites tortues inoffensives avec leur corps recouvert de plaques osseuses. Néanmoins, la plupart étaient énormes. Leur armure constituait une bonne défense contre les carnivores.

Pinacosaurus

Euoplocephalus

L'INTELLIGENCE

On dit souvent que les dinosaures n'avaient pas de cerveau du tout, ou que leur cerveau était trop petit pour leur corps. On pense qu'ils étaient si stupides qu'ils ne pouvaient pas survivre et se sont éteints. Ce n'est pas tout à fait vrai. Il ne serait pas correct de dire que les dinosaures étaient très intelligents, mais leur cerveau avait la bonne taille pour des reptiles, et certains avaient même un cerveau correspondant à celui d'un oiseau. Comment les paléontologues peuvent-ils connaître l'intelligence des dinosaures, alors que ceux-ci sont morts il y a si longtemps ? Le premier indice est fourni par la taille du cerveau qui peut être mesuré en fonction de la taille du crâne.

Premier de classe

Le dinosaure au cerveau le plus développé était petit. C'était le *Saurornithoides* qui vivait il y a 75 millions d'années en Mongolie. C'était un animal mince de 2 m de long, mais la taille de son cerveau correspondait à celle du cerveau d'un oiseau. Certains pensent qu'il était à peu près aussi intelligent que l'émeu, et plus intelligent que n'importe quel reptile actuel. C'était un carnivore dont les griffes des pattes arrière étaient redoutables.

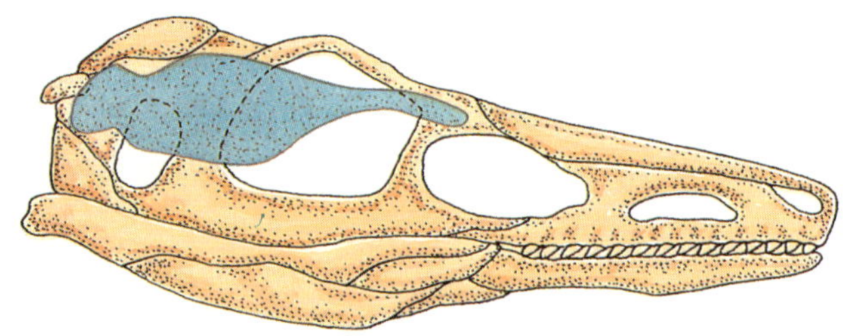

Cerveau de *Saurornithoides* (en bleu)

Saurornithoides

Tout dans le cerveau ?

L'intelligence dépend du rapport entre la taille du cerveau et celle du corps. Donc chez un petit dinosaure comme le *Saurornithoides,* le cerveau est relativement grand. De son côté, *Stegosaurus* avait un cerveau de la même taille, mais son corps était beaucoup plus gros.
C'était probablement le dinosaure le plus stupide de tous. Considère les animaux actuels. Les baleines et les éléphants ont un cerveau beaucoup plus gros que celui des êtres humains, mais leur corps est également plus gros.
Donc l'intelligence n'augmente pas forcément avec la taille du cerveau.

Dinosaure = échec

En anglais, le mot «dinosaure» est souvent utilisé dans le langage courant pour désigner un échec, quelque chose qui est démodé, trop gros et incapable de s'adapter. C'est parce que l'on pense que les dinosaures étaient beaucoup trop gros pour survivre, et qu'ils ont disparu parce qu'ils étaient inutiles. En fait, les dinosaures étaient très bien adaptés. Après tout, ils ont dominé la Terre pendant 165 millions d'années. Les mammifères sont encore loin d'en être là. Les dinosaures ont peuplé toute la Planète dans divers habitats.

Un dinosauroïde ?

Que se serait-il passé si les dinosaures n'avaient pas disparu? Comment auraient-ils évolué? Un paléontologue canadien, le Dr Dale Russell, a essayé d'imaginer ce qui aurait pu se passer. Il a choisi comme point de départ l'un des dinosaures les plus brillants, le *Stenonychosaurus*, un cousin du *Sauromithoides*. Ce dinosaure vivait il y a environ 70 millions d'années, juste avant leur disparition. Russell a imaginé que ce dinosaure adopterait une station complètement verticale et perdrait sa queue. Son cerveau aurait également grandi, et il aurait développé des mains permettant une meilleure préhension.

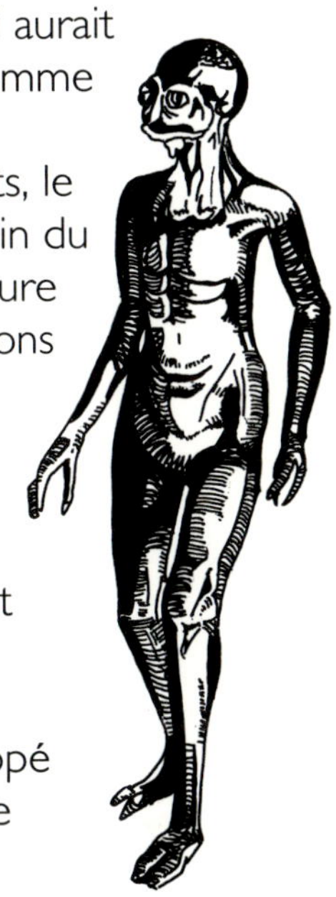

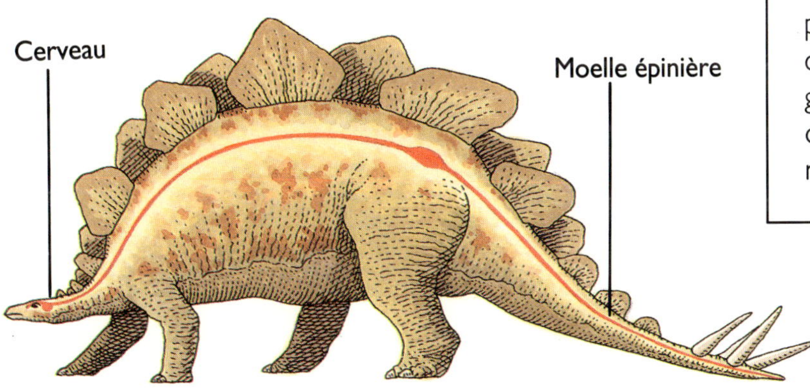

Stegosaurus

On dit parfois que le stégosaure avait un cerveau au sommet de la queue, plus grand que celui qui se trouvait dans sa tête. En fait, le second cerveau n'était qu'un renflement de la moelle épinière.

Le *Troodon* (dent qui blesse) est un dinosaure de petite taille au cerveau développé, cousin du *Sauromithoides*. Ces dinosaures chassaient de petits animaux en les pourchassant en zigzag. Pour cela, ils avaient besoin d'une bonne vue, d'un bon équilibre et d'un bon cerveau.

Mesurer la capacité cervicale

L'intelligence peut être mesurée en comparant la taille du cerveau avec la taille du corps. Lorsque l'on fait cela pour les animaux actuels, on s'aperçoit que les reptiles sont moins intelligents que les oiseaux ou les mammifères. Les dinosaures avaient la même intelligence que les reptiles, bien que certains aient été aussi brillants que des oiseaux.

Moulage d'un cerveau de dinosaure

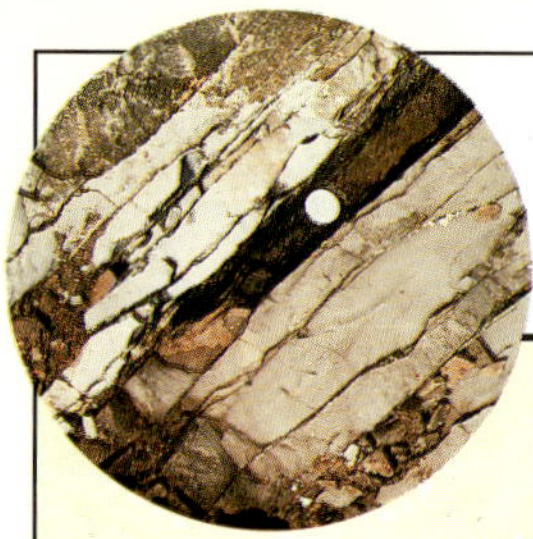

L'EXTINCTION

La plus grande énigme concernant les dinosaures est la raison de leur disparition. Il n'y a pas de réponse simple à cette question, même si des centaines de scientifiques étudient le problème. Ils n'étudient pas seulement l'extinction des dinosaures, mais le problème de l'extinction dans son ensemble. Bien d'autres plantes et animaux ont disparu par le passé, et il est important de comprendre comment et pourquoi cela s'est passé. Cela pourrait contribuer à sauver de nombreuses espèces actuellement menacées. L'homme provoque l'extinction de certaines espèces à cause de la pollution. L'extinction des dinosaures pourrait nous apprendre comment sauver la Planète !

Les idées du passé

Certains des premiers savants qui se sont intéressés aux dinosaures il y a 100 ans pensaient que ces animaux ont disparu parce que l'air s'est modifié. D'autres ont imaginé qu'ils ont disparu parce qu'ils étaient trop grands et trop lourds pour se déplacer sans tomber, et qu'ils ne pouvaient pas trouver assez de nourriture pour survivre.

Selon une des théories, une énorme météorite a heurté la Terre. De plus petites météorites sont tombées depuis, créant des cratères comme celui-ci en Arizona, aux États-Unis.

Les survivants

Quoi qu'il se soit passé il y a 65 millions d'années, la plupart des plantes et des animaux n'ont pas été éliminés. Chez les reptiles, les crocodiles, les tortues, les lézards et les serpents ont survécu. Les mammifères, les oiseaux, les amphibiens, les poissons et la plupart des plantes et des créatures marines également.

Tortue terrestre

Crocodile

Peut-être d'énormes quantités de lave furent-elles libérées en Inde. Cela aurait créé de gigantesques nuages de poussière qui auraient caché le Soleil et entraîné la glaciation de la Terre.

Les feuilles fossiles (ci-dessus) prouvent que le climat s'est refroidi. Peut-être était-ce suffisant pour faire disparaître les dinosaures...

Les dinosaures et les hommes dans les films
Dans beaucoup d'anciens films sur les dinosaures, nous assistons à d'épiques batailles entre des dinosaures et des hommes des cavernes armés d'épieux. Toutefois, aucun homme n'aurait pu combattre un dinosaure puisque les dinosaures ont disparu plus de 60 millions d'années avant l'apparition de l'homme.

Extinction
Tu as probablement déjà entendu parler du dodo. C'est un oiseau qui, comme d'autres millions d'espèces de plantes et d'animaux, a disparu. L'extinction d'une espèce est normale. Mais parfois, tant d'espèces ont disparu en même temps qu'il a dû se produire quelque chose d'inhabituel. C'est lors d'une de ces extinctions de masse que les dinosaures ont disparu.

Dodo

La dernière scène

Les dinosaures n'ont pas été les seuls animaux à disparaître il y a 65 millions d'années. Les ptérosaures volants ont également disparu ainsi que les plésiosaures (reptiles marins) et d'autres groupes de reptiles et de coquillages. De nombreux autres plantes et animaux ont néanmoins survécu, et dix millions d'années plus tard, la vie sur Terre était redevenue « normale ». « Normale », mais sans les dinosaures dont le règne de 165 millions d'années s'était achevé.

LA DÉCOUVERTE DES DINOSAURES

1677
Le premier os de dinosaure fut illustré dans un livre. Robert Plot (à gauche), professeur de chimie à l'université d'Oxford, y décrivait une partie d'un énorme fémur (os de la cuisse) retrouvé dans les environs. Plot pensait que cet os provenait d'un géant! Plus tard, on découvrit que cet os appartenait au *Megalosaurus.*

1824
Le paléontologue anglais Dean William Buckland baptisa *Megalosaurus* (grand lézard) des ossements trouvés près d'Oxford. C'était la première fois que l'on décrivait scientifiquement les restes d'un dinosaure.

1825
Gideon Algernon Mantell fut le premier à décrire des restes d'*Iguanodon* trouvés dans le sud de l'Angleterre.

1842
Le groupe *Dinosauria* fut baptisé par le professeur Richard Owen. Il fut le premier à reconnaître que les reptiles géants n'étaient pas des lézards, mais appartenaient à un groupe qui leur était propre.

1853
Le sculpteur Waterhouse Hawkins réalisa de superbes reconstitutions grandeur nature de dinosaures disposées dans le parc du Crystal Palace de Londres.

1858
Un squelette complet de dinosaure fut déterré en Amérique du Nord par Joseph Leidy. Il avait un bec de canard et fut baptisé *Hadrosaurus.*

1861
Découverte de l'*Archaeopteryx* (ci-dessous), le plus vieil oiseau du monde. On admit plus tard qu'il est le chaînon manquant entre les dinosaures et les oiseaux.

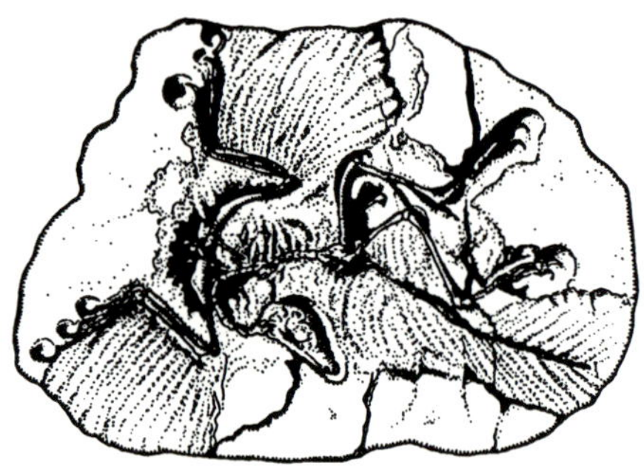

1878
Découverte d'un troupeau d'*Iguanodons* dans une mine de charbon à Bernissart en Belgique. Des dizaines de squelettes furent retrouvés dans une poche d'argile.

1887
Découverte des premiers restes d'un dinosaure à cornes, le *Triceratops.* Il faisait partie des dizaines de dinosaures rassemblés par Edward Cope et Othniel Marsh, les ennemis jurés.

1902 Les premiers crânes et squelettes de *Tyrannosaurus rex* furent exhumés dans le Montana, aux États-Unis, par Barnum Brown.

1909-1911
C'est à Tendaguru en Afrique de l'Est que furent organisées les plus grandes fouilles. Cinq cents personnes y travaillèrent chaque année. De nombreux et impressionnants dinosaures du Jurassique furent ramenés au jour, parmi lesquels un *Brachiosaurus,* le plus grand de tous.

1923
Premières découvertes en Mongolie de dinosaures et de nids de *Protoceratops* (un des premiers dinosaures à corne)

1979
Découverte de l'*Ultrasaurus,* probablement le plus grand dinosaure du monde par Jim Jensen au Colorado, aux États-Unis

1983
Découverte dans le Surrey, en Angleterre, du *Baryonyx* (lourdes griffes), un carnivore aux griffes en forme de crochets. Il datait du début du Crétacé.

1987
Découverte du premier squelette de dinosaure en Antarctique, seul continent où aucun os de dinosaure n'avait été trouvé

1993
Découverte de l'*Eoraptor* (ci-dessous) en Argentine par Paul Sereno. Il s'agit du dinosaure le plus primitif jamais découvert. Il date du Triasique, il y a 230 millions d'années.

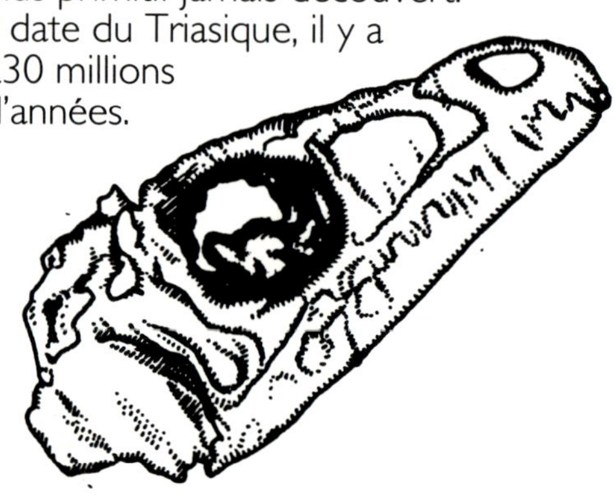

GLOSSAIRE

ADN Abréviation pour acide désoxyribonucléique, constituant essentiel des chromosomes du noyau cellulaire. L'ADN contient tous les éléments qui codifient l'information permettant de contrôler le développement des êtres vivants.

Amphibiens Animaux vertébrés vivant sur la terre ferme, mais qui doivent retourner à l'eau pour se reproduire

Bactéries L'une des formes de vie les plus simples ; créature unicellulaire

Bassin Ceinture osseuse circonscrite à la base du tronc par le sacrum, le coccyx et les deux os iliaques

Clonage Obtention, par voie de culture, de nombreuses cellules vivantes identiques à partir d'une cellule unique

Communauté Les plantes ou animaux qui vivent dans un habitat particulier

Dérive des continents Changement de la configuration de la surface terrestre par le mouvement des plaques de l'écorce qui supportent les terres et les océans

Ère (Géologie) Principale division chronologique de l'histoire de la Terre. Par exemple, l'ère primaire

Espèce Ensemble d'individus, animaux ou végétaux, semblables par leur aspect, leur habitat, féconds entre eux mais ordinairement stériles avec tout individu d'une autre espèce

Extinction La disparition totale d'une espèce ou d'un groupe d'animaux ou de plantes

Fossile Les restes ou les empreintes de plante ou d'animal ayant vécu avant l'époque historique et qui ont été conservés dans des dépôts sédimentaires

Géologie Science qui étudie la description des matériaux qui constituent le globe terrestre et les transformations actuelles et passées subies par la Terre

Habitat Aire dans laquelle vit une population, une espèce animale ou végétale particulière

Ligaments Ensemble des fibres qui unissent les os au niveau des articulations ou maintiennent des organes en place

Mammifère Animal vertébré caractérisé par la présence de mamelles et d'une peau généralement couverte de poils

Minéral Corps inorganique, solide à la température ordinaire, constituant les roches de l'écorce terrestre

Omnivore Animal qui se nourrit à la fois de végétaux et d'animaux

Paléontologue Scientifique qui s'intéresse à la science des êtres vivants ayant peuplé la Terre aux époques géologiques. Science fondée sur l'étude des fossiles

Radioactivité Produit de la désintégration d'atomes instables. Ce processus aboutit à la production de minuscules particules et parfois de rayons. Certaines formes de radioactivité sont extrêmement nuisibles.

Reptiles Classe de vertébrés aériens à température variable, avec ou sans pattes, comme les serpents, les lézards, les tortues et les crocodiles. Les formes fossiles comprennent les dinosauriens et ptérosauriens.

Reptiles mammaliens Grand groupe de reptiles qui prédominèrent durant les 100 millions d'années précédant les dinosaures. Ce groupe comprend les ancêtres des mammifères.

Squelette Charpente osseuse du corps de l'homme et des animaux

Vertébrés Animaux pourvus d'une colonne vertébrale et, en général, de deux paires de membres

INDEX

Origine des photographies:
ABRÉVIATIONS: H: en haut, M: au milieu, B: en bas, G: à gauche, D: à droite. Couverture et pages 4H, 5, 6B, 16B et 21B: Roger Vlitos; pages 2, 10H, 23 et 28H: Science Photo Library; pages 3, 25B et 29H: BFI Stills, Posters & Designs; pages 4B, 15D, 16H, 22 (les deux) et 28B: Mary Evans Picture Library; pages 6H, 10M et B, 12, 13, 14, 15, 20, 21H, 24, 25H, 26 et 27: The Natural History Museum de Londres; pages 8, 16M, 28M et 29B: Bruce Coleman Ltd.